AF589921

LISERON OU BELLE DE JOUR.

Coquetterie. — Infidélité.

NOUVEAU

MANUEL ALLÉGORIQUE

DES PLANTES,

DES FLEURS, DES FRUITS,

des Couleurs, etc., etc.,

publié par BLISMON.

PARIS,
chez DELARUE, Libraire, quai des Augustins, 11.

BOUQUET DE PENSÉES, D'IMMORTELLES ET DE MYOSOTIS.

Vous seule occupez ma pensée, et mon amour n'aura point de fin ; aimez-moi comme je vous aime.

ANANAS.

Vous réunissez tout.

AVIS DE L'ÉDITEUR.

Le langage des fleurs est connu de presque tous les peuples. Les unes, consacrées à de tendres et douloureux souvenirs, servent d'aliment à la mélancolie; d'autres, et c'est le plus grand nombre, rappellent des idées de gloire et de bonheur, ou composent une langue mystérieuse à l'usage des amants, comme l'a très-bien dit M. Dupaty :

Au sein d'une fleur tour-à-tour,
Une heureuse image est placée;
Dans un Myrte, on croit voir l'amour,
Un souvenir dans la Pensée,
La douce paix dans l'Olivier,
L'espoir dans l'Iris demi-close,
La victoire dans un Laurier,
Une femme dans une Rose.

En Orient, la beauté captive a recours à l'ingénieux *Sélam* pour s'entretenir avec l'ami du cœur en dépit des verroux et des argus (1).

Le petit recueil que nous publions aujourd'hui est spécialement destiné aux Dames. Dans les fleurs qui sont en droit de leur plaire, elles retrouvent la vive image de la beauté, de la grâce et de la fraîcheur, et, comme chacun sait, il est naturel d'aimer ce qui nous ressemble.

M. Dupaty, que nous citerons encore, a dit, d'une femme sensible et craintive :

C'est une fleur à peine éclose,
Qui tient un peu du Lys pour la fierté,
Pour la fraîcheur tient de la Rose ;
Du Tournesol pour la mobilité ;
Mais par malheur un peu trop vive,
Légère comme le zéphir,

---

(1) Les fleurs, les fruits, les bois, les aromates, les soies, l'or, l'argent, les couleurs, les étoffes, enfin presque toutes les choses qui servent au commerce de la vie, entrent chez les Turcs dans celui de l'amour ; ils appellent cela *Sélam*, c'est-à-dire salut. Un petit paquet gros comme le pouce, si l'on a égard à ce qu'il renferme, compose un discours fort expressif qui s'entend par l'interprétation du nom de chaque chose que l'on envoie.

Elle tient de la Sensitive ;
Et fuit dès qu'on veut la cueillir.

Enfin, l'idée de la beauté est tellement liée à celle des fleurs, qu'il est presque impossible de les séparer. De là, ce mot si connu de François I.er. *Une cour sans femmes ressemble à un printemps sans roses.*

Comme il n'est pas toujours facile de se procurer les fleurs dont on aurait besoin pour exprimer les sentiments dont on est animé, et qu'on veut faire connaître par une allégorie, on a vu quelques personnes y suppléer en écrivant le nom des fleurs qu'elles auraient employées pour former leur bouquet, si elles les avaient eues à leur disposition.

EXEMPLE.

Euphorbe réveil-matin, Hélianthe à grandes fleurs, Fusain, Ornithogale pyramidale, Myosotis ou Achilée Mille-feuilles.

Ce qui littéralement veut dire :

J'ai perdu le repos, mes yeux ne voient

que vous, votre image est tracée dans mon cœur, ma tendresse est pure, aimez-moi comme je vous aime ou guérissez-moi.

AUTRE EXEMPLE

Pour servir de réponse.

Phytolacca, Rosier églantier, Julienne maritime, Genêt d'Espagne, Jasmin Jonquille.

Ce qui littéralement veut dire :

Calmez-vous, vous persuadez mon cœur, je vous vois avec plaisir, je sais apprécier vos talents, je vous aime.

Nos lecteurs remarqueront sans doute, qu'on peut donner à la traduction d'un bouquet allégorique, une élégance que ne comporte pas l'explication littérale de chacune des fleurs dont il est composé. Nous croyons inutile de donner un exemple de cette espèce d'amplification, qui tient absolument à la manière de sentir des deux correspondants, et aux rapports habituels qu'ils ont entre eux (1).

Dans la langue de Flore, il y a des plantes qui signifient différentes choses, comme dans celle des hommes, il y a des mots qui ont plusieurs acceptions; c'est à l'intelligence de celui qui forme ou qui reçoit le bouquet, d'attribuer à la fleur la signification qui lui convient, suivant les autres fleurs dont elle est accompagnée.

Puisse ce petit volume, fruit d'un grand nombre de recherches, obtenir le suffrage du beau sexe auquel nous le destinons, et notre but se trouvera rempli.

B. Q. S.

---

(1) Voyez quelques exemples de bouquets allégoriques à la fin de ce volume.

ALLÉGORIE

Des Plantes, des Feuilles, des Fleurs

ET DES FRUITS.

Abricotier (fleur d') est l'emblême d'un cœur inflexible.

Absinthe citronnelle. — Préservatif. J'éloignerai de vous les méchants.

Absinthe vulgaire.— Vous m'abreuvez d'amertume. Amertume. Absence. Chagrin.

Acacia. — Amour platonique. Sagesse. Mystère. Prompt succès.

Acacia blanc. — Inquiétude.

Acacia rose. — Élégance.

Acacia pudique ou Sensitive. — Extrême sensibilité. Pudeur.

Acana.— Attraits.

Acanthe branc-ursine.— Nœuds indissolubles. Amour des beaux-arts.

Achillée mille-feuilles.— Guérison. Guérissez-moi.

Aconit. — Vous me donnez la mort. Vengeance.

Adonide d'été. — Souvenir tendre et douloureux. Souvenir ineffaçable. Envie de briller.

Adonis. — Amour extrême.

Adoxa musqué. — Faiblesse. Amour extrême.

Agine. — Désir de plaire.

Agneau chaste (*Agnus castus*). Chasteté.

Aigrette. — Désir de plaire.

Alcée. — Votre beauté est noble et majestueuse.

Alizier. — Accord. Soyons d'accord.

Aloès. — Botanique.

Alouette (*pied d'*). — Légèreté. Confiance. Plaisirs de la campagne. Lisez dans mon cœur.

Althéa. — Persuasion.

Alves. — Intrigues.

Alysse des rochers, vulgairement la Corbeille d'Or. — Calme. Tranquillité.

Amandier commun. — Douceur inaltérable.

Amandier satiné. — Imprudence. Etourderie.

Amaranthe. — Constance. Immortalité. Indifférence.

Amaranthe blanche. — Amour sans fin.

Amaranthe jaune. — Jalousie.

Amaryllis. — Toute belle. Coquetterie. Fierté.

Ambroisie. — Immortalité. Perfection. Rien au-dessus d'elle.

Ammomum.— Flatterie.

Amourette ou Brize tremblante. Galanterie. Gaieté. Frivolité.

Amum des jardiniers ou Morelle-Cerisette. — Beauté sans bonté.

Ananas.— Vous réunissez tout.

Ancolie.— Hypocrisie. Folie.

Anémone.— Candeur. Innocente victime de la jalousie. Persévérance.

Anémone sauvage.— Souffrance causée par l'amour. Maladie.

Aneth. — Force. Annonce trompeuse.

Angélique. — Sauvez-moi. Extase. Inspiration.

Anones d'Espagne.— L'amour vous prépare cent plaisirs et mille peines.

Argentine.— Timidité. Réparation.

Armoise ou Asternal. — Amour conjugal. Heureux voyage. Bonheur.

Arrête-Bœuf ou Bugrane.— Entraves.

Arsène blanche. — Langueur d'amour.

Arum ou Gouet commun.— Ardeur.

Asphodèle.— Mes regrets vous suivront au tombeau.

Aster de la Chine, ou Reine Marguerite.— Elégance. M'aimez-vous ?

Aster à grande fleur. — Arrière-pensée.

Aubépine.— Doux espoir. Prudence. Sincérité. Sensations heureuses. Courage.

Baguenaudier. —Paresse. Amusement frivole.

Baguenaudier arborescens. — Générosité.

Balisier. — Gaiement. Comme deux tourtereaux.

Balsamine.—Impatience. Dédain. Froideur. Jeunesse. Prévoyance. Constance.

Banquet (le).—Préservateur des dangers.

Barbeau ou Bluet des blés.—Vous m'éclairez. Fidélité. Délicatesse. Mélancolie. Pureté de sentiment.

Barbeau blanc.— Délicatesse.

Barbeau des jardins. — Education. Délicatesse.

Bardane — Importunité.

Basilic (bouquet de).—J'en suis fâché.

Basilic.—Vous me rendez le courage. Pauvreté. Souvenir de jeunesse.

Baume des jardins ou Menthe. —Vertu.

Bec de grue.— Imbécillité.

Belle de jour.— Coquetterie. Infidélité.

Belle de nuit.— Je redoute l'amour. Je fuis. Quelquefois c'est l'emblême de la galanterie. Timidité.

Belvédère.— Guerre.

Bequettes.— Union sacrée de deux cœurs.

Bétoine.— Surprise. Réveil.

Blé (épi de).— Espoir. Fertilité. Richesse.

Bluet des blés ou Barbeau.— Vous m'éclairez. Délicatesse. Mélancolie. Pureté de sentiment.

Bois-Gentil ou Lauréole.— Gentillesse. Désir de plaire. Retour du bonheur.

Bouillon-Blanc ou Molène.— Bon naturel. Santé.

Boule-de- Neige. — Calomnie. Refroidissement. Naïveté de l'enfance.

Bouquet parfait ou Œillet de poète.—Vous êtes un assemblage de perfections.

Bourrache. — Energie. Vous m'inspirez. Brusquerie.

Bouton de rose rose. — Jeune fille.

Bouton de rose blanche.— Cœur qui ignore l'amour.

Bouton d'argent.—Franchise. Bienfaisance.

Bouton d'or.—Richesse. Ingratitude. Critique, Raillerie. Amour satisfait et constant.

Boramaise. — Trésor mérité.

Bote odoriférante.— Plaisirs des Sens. Suavité.

Branc-Ursine ou Acanthe. — Nœuds indissolubles. Amours des beaux-arts.

Brium rural.— Protection.

Brize tremblante ou Amourette. — Galanterie. Gaieté. Frivolité

Bruyère commune. — Solitude. Je cherche la solitude.

Bruyère (feuille de).— Humilité.

Bugrane, vulgairement Arrête-Bœuf. — Entraves.

Buis. — Solidité. Durée. Ancienneté. Stoïcisme.

Butome à ombelle, vulgairement Jonc fleuri.

— Grâces. Vous êtes remplie de grâces.
Cactier raquette.— Je brûle.
Caille-lait.— Patience.
Calamante.— Félicité.
Calamus.— On ne connaît pas son mérite.
Camara piquant.— Rigueurs.
Cameline cultivée.— Doux liens.
Camomille romaine. — Je me rendrai digne de vos soins. Amertume. Rapprochement. Intégrité de sentiments. Conformité.
Campanule, vulgairement Miroir de Vénus. — Flatterie. Elégance.
Capucine.— Feu d'amour. Raillerie. Discrétion.
Capucine jaune.— Discrétion.
Cèdre. — Vous êtes digne de l'immortalité. Majesté.
Centaurée musquée, ou fleur du grand seigneur. Vous inspirez la confiance.
Centaurée. — Félicité.
Cérisier.— Indépendance. Bonne éducation.
Cérisier (fleur de).— Ne m'oubliez pas.
Champignon.—Fortune rapide. Opiniâtreté. Soupçon.
Chanvre.— Utilité. Objet nécessaire.
Chardon.— Critique. Austérité.
Charme.— Ornement. Embellissement.
Châtaignier.— Connaissez-moi mieux. Rendez-moi justice.
Chélidoine.— Soins maternels. Premier soupir d'amour.

ADONIS.

Amour extrême.

Chêne. — Hospitalité.

Chêne (fleur de). — Force morale. Protection Récompense. Amour de la patrie. Puissance.

Cheveux de Vénus ou Nigelle de Damas. — Les tresses de vos cheveux sont autant de chaînes pour mon cœur. Parure. Sympathie.

Chèvre-Feuille. — Liens d'amour.

Chicorée. — Frugalité.

Chicorée sauvage. — Amertume.

Chiendent. — Persévérance.

Chrysanthème. — Difficulté.

Chrysanthème des près ou Reine Marguerite. — M'aimez-vous? Elégance.

Ciguë. — Trahison. Méchanceté. Inconduite.

Cinnamonum. — Chasteté.

Circée ou herbe aux Magiciennes. — Vous m'enchantez. On cherche à vous surprendre

Ciste. — Jalousie.

Citronnelle. — Préservatif. J'éloignerai de vous les méchants. Félicité. Jouissance.

Citronnier. — Désir d'une correspondance.

Clandestine ou herbe cachée. — Amour caché.

Clématite bleue. — Liens.

Clématite. — Artifice.

Clochette. — Bavardage.

Clochléaria. Utilité.

Cocrette des près. — Entêtement.

Cognassier.— Bonheur. Fécondité.
Colonne d'Egypte.-- Lointain.
Consoude. — Sentiment inaltérable.
Coquelicot, ou pavot rouge.— Repos. Calme de l'âme. Reconnaissance.
Coquelourde. — Vous êtes sans prétention.
Corail. — Avantage de la navigation.
Corbeille d'or, ou Alysse des rochers. — Calme. Tranquillité.
Coriandre.— Mérite caché.
Cormier, ou Sorbier domestique. — Prudence.
Coucou.— Présage.
Coudrier.— Réconciliation.
Coudrier, ou Noisetier.— Erreur. Préjugés.
Courge (la fleur de).— Apparence.
Couronne impériale.— Fierté sans douceur.
Croix de Jérusalem. — Douleur. Voyage.
Croix de Malthe. Couronne. Honneur. Fidélité à toute épreuve.
Crysocome linosiris. Vous vous faites attendre.
Cupidone bleue. — Vous inspirez l'Amour.
Cynoglosse printanière. — Je suis votre meilleur ami.
Cyprès. — Larmes. Regrets. Deuil. Désespoir. Mort.
Datura, ou Stramoine. — Déguisement. Artifice.
Datura blanc.— Science.

Dauphinelle d'Ajax, vulgairement Pied-d'Alouette.— Lisez dans mon cœur. Confiance. Légèreté. Plaisirs de la campagne.

Dent de loup ou de lion. —Vous perdez le temps.

Diadème de Crète.— Idée brillante. Pensée ingénieuse.

Diane (la fleur de).— Cœur.

Dictame blanc, ou Fraxinelle.—Vous m'enflammez. Vous embrâsez mon cœur.

Digitale.— Salubrité.

Digitale pourprée.— Vous n'êtes que belle.

Double-feuille, ou Omphis. — Consolation dans l'affliction.

Douce-amère.— Vérité.

Douze divinités, ou Giroselle.— Je vous adore. Vous êtes ma divinité.

Ebénier.— Noirceur.

Ebénier fleuri.— Souplesse. Grâces.

Eglantier, ou Rosier églantier. — Vous persuadez mon cœur. Poésie.

Eglantine.— Amour malheureux.

Ellèbore (voyez Héllébore).

Enothère à grandes fleurs.— Inconstance.

Epatique.— Confiance. Apathie.

Ephémère de Virginie. — Chaque jour je découvre en vous de nouvelles qualités.

Epi de froment.— Abondance.

Epilobe à épi ou Osier fleuri.— Unissons-nous.

Epine.— Remords. Insouciance.
Epines sèches.— Flêches d'amour.
Epine vinette. — Vous me fuyez. Repentir. Aigreur. Désespoir.
Epis.— Moissons.
Epis de miracle.— Fécondité.
Erable.— Réserve.
Erable de montagne, *ou Sycomore.*— Harmonie.
Eternelle. — Immortalité.
Eupatoire.— Amour paternel.
Euphorbe.— Humeur caustique.
Euphorbe réveil-matin. — J'ai perdu le repos.
Euphrasia.— Bonheur futur.
Faine.— Trahison.
Fayard ou Hêtre.— Prospérité.
Feuilles vertes.— Espérance.
Feuilles vertes (*bouquet de*). — Botanique.
Feuille morte.— Mélancolie.
Ficoïde cristallin, *ou Glaciale.*— Vous me glacez.
Figuier. — Modestie. Reconnaissance. Hospitalité.
Flambe.— J'oblige les amants séparés par l'absence.
Fleris pendis.— Assemblage de tous les dons.
Fleur de la passion, *ou Grenadille bleue.*— Douleur cuisante d'amour.
Fleur de veuve, *ou Scabieuse.*— Absence.

Vous m'abandonnez. Vous me délaissez. J'ai tout perdu. Femme sensible et malheureuse. Mystère.

Fleur du grand Seigneur, ou Centaurée musquée. — Vous inspirez la confiance.

Fleur d'une heure, ou Ketmie vésiculeuse. — Plaisir d'un moment.

Fougère. — Incertitude. Mérite. Sincérité.

Foulsapatte. — Amour humble et malheureux.

Foie blanc. — Etourderie.

Fraises. — Bonté parfaite.

Fraisier (fleur de). — Parfums. Vous faites mes délices.

Fraxinelle, ou Dictame blanc. — Vous m'enflammez. Vous embrâsez mon cœur.

Frêne. — Grandeur.

Frêne (fleur de). — Tout est soumis à votre empire. Obéissance.

Fumeterre commune. — Fiel. Rancune. Exercice. Crainte.

Fusain. — Votre image est tracée dans mon cœur. — Dessin.

Galantine perce-neige. — Annonce. Heureux présage.

Gatilier commun, ou Agneau chaste. — Chasteté.

Gazon d'Espagne. — Humilité.

Genêt d'Espagne. — Je sais apprécier vos talents. Propreté. Faible espoir.

Genette. — Espérance trompeuse. Flatterie.
Génévrier. — Reconnaissance.
Génévrier (fruit du). — Ingratitude.
Gentiane jaune. — Vous refusez mes soins.
Gerade. — Sensations trompeuses.
Géranium citronné. — Caprice. Tyrannie.
Géranium écarlate. — Sottise.
Géranium musqué. — Estime. Amour filial. Fidélité conjugale. Causticité.
Géranium triste ou rosé. — Mélancolie. Langueur.
Gerbe blanche. — Sécurité.
Germandrée. — Plus je vous vois, plus je vous aime.
Gesse à larges feuilles, ou pois à bouquet. — Plaisir.
Gesse odorante. — Délicatesse. Plaisir délicat.
Giroflée de Mahon, ou Julienne maritime. — Je vous vois avec plaisir. Correspondance. — Sagesse.
Giroflée de muraille, ou Giroflée simple. — Simplicité. Fidèle au malheur.
Giroflée des jardins, ou Violier. — Luxe. Bonheur. Sympathie.
Giroflée d'été, ou quarantaine. — Dépit. Promptitude. Ennui d'amour.
Giroflée jaune. — Préférence. Luxe.
Giroselle, ou les douze divinités. — Vous êtes ma divinité. Je vous adore.
Glaciale, ou ficoïde cristallin. — Vous me glacez. Indifférence.

Gouet commun.— Ardeur.
Gouet gobe-mouche.— Piège.
Gramen.— Récompense de la valeur.
Gratiole officinale, ou herbe au pauvre homme.— Humanité.
Grenadier (fleurs du). — Fatuité. Orgueil.
Grenadier (fruit du). — Honneur. Union. Concorde.
Groseiller.— Vous me plaisez.
Groseillier (fleurs de). — Point de plaisir sans peine. Fin heureuse, précédée de difficultés.
Gueule de loup.— Politique.
Gui commun. — Liaison dangereuse.
Guimauve.— Douceur extrême. Persuasion. Bienfaisance.
Guirlandes de fleurs.— Chaînes d'amour ou d'amitié selon les fleurs dont elles sont composées.
Hébéride ou Julienne.— Philosophie. Résignation.
Hélénie.— Pleurs.
Hélianthe à grandes fleurs, vulgairement Tournesol.— Mes yeux ne voient que vous.
Héliotrope du Pérou. — Je vous aime plus que moi-même. Enivrement. Abandon de soi-même. Attachement violent. Volupté.
Héliotrope d'hiver, ou Tussilage odorant.— Peut-être un jour vous m'apprécierez mieux.
Hellébore.— Folie.

Hellébore à fleur rose, vulgairement Rose de Noël. — Consolation.

Hémérocalle rouge. — Plaisir toujours nouveau.

Hépatique. — Confiance. Apathie.

Herbe au chantre, ou velar des boutiques. Ma faible voix veut célébrer vos charmes.

Herbe au pauvre homme, ou Gratiole officinale. — Humanité.

Herbe aux magiciennes, ou Circée. — Vous m'enchantez.

Herbe cachée ou Clandestine. — Amour caché.

Herbe d'amour ou Réséda odorant. — Vos qualités surpassent vos charmes.

Herbe sacrée ou Verveine. — Pureté de sentiment.

Herbette. — Instruction.

Hêtre ou Fayard. — Prospérité.

Hortensia ou rose du Japon. — Beauté froide. Vous êtes belle, mais indifférente. Femme courageuse.

Houblon. — Injustice. Léger. Evaporé. Pétillant.

Houx commun. — Sauve-garde. Protégez-moi. Défendez-moi. Prévoyance.

Hyacinthe. — Amour chagrin. Vous m'aimez et vous me donnez la mort.

Ibéride, vulgairement Taraspic. — Indifférence.

If. — Tristesse.

Immortelle. — Toujours. Reconnaissance. Amitié ou amour sans fin. Eternité. Gloire. Vertu. Constance éternelle. Amour pour la vie.

Ipoméa vulgairement jasmin rouge. — Je m'attache à vous.

Ipoméa pourpré, vulgairement volubilis. — Caresses.

Iris bulbeuse. — Eloquence.

Iris demi-close. — Espoir.

Iris de Perse. — Légèreté. Inconstance Message d'amour. Raccommodement.

Ivraie ou Zizanie. — Vice.

Ixia. — Vous faites mon tourment.

Jacée des jardiniers, ou Lychnide compagnon. — Je ne puis vous quitter.

Jacinthe orientale. (Voyez *Hyacinthe*).

Jasmin blanc. — Vous êtes aimable. Candeur. Esprit. Passion.

Jasmin d'Espagne. — Sensualité. Volupté.

Jasmin des Açores. — Envie. Bonheur. Séparation.

Jasmin jaune. — Bonheur.

Jasmin jonquille. — Je vous aime. Première langueur d'amour.

Jasmin de Virginie. — Pays lointain.

Jonc des rivières. — Navigation.

Jonc des champs. — Docilité. Je serai docile.

Joncs épars. — Eclaircissement. Eclairez-moi.

Jonc fleuri, ou Butome à ombelle. — Grâces. Vous êtes rempli de grâces.

Jonquille.— Désirs Jouissance.
Joubarbe des toits.— Vous êtes bienfaisante sans ostentation. Esprit.
Jujubier. — Votre présence adoucit mes peines.
Julienne maritime , vulgairement Giroflée de Mahon. — Je vous vois avec plaisir.
Jusquiame. — Perfidie. Méchanceté.
Ketmie vésiculeuse ou trifoliée , vulgairement Fleur d'une heure.— Plaisir d'un moment.
Ketmie des Jardins, ou la Mauve en arbre. — Beauté toujours nouvelle.
Laîche.— Perfidie.
Laitue.— Lait. Nourrice. Enfant.
Larmes de Job.— Longue absence. Séparation. Eloignement.
Lauréole , vulgairement Bois-Gentil. — Gentillesse. Désir de plaire.
Laurier blanc. — Indécision d'aimer. Candeur. Sincérité.
Laurier amande.—Perfidie.
Laurier rose. — Beauté et bonté. Tendre à la ville et vaillant à la guerre.
Laurier franc.—Victoire. Clémence. Gloire.
Laurier (feuille de). Félicité assurée.
Laurier Thym.— Pureté de sentiments.
Lavande , ou Aspic.— Répondez-moi.
Lavande (feuille de).— Délicatesse.
Lichnis. — Bonheur des champs.

Liciet cultivé. — Vos attraits me charment.

Lierre.— Amitié. Tendresse réciproque. Je meurs où je m'attache.

Lilas.— Premières émotions d'amour. Faiblesse.

Lilas blanc.— Innocence.

Lin.— Je sens tous vos bienfaits.

Lin (fleur de).— Simplicité.

Lis blanc. — Innocence. Pureté. Noblesse. Fierté.

Lis jaune.— Inquiétude.

Lis rose.— Vanité. Rareté.

Lis (fleur de).— Amour filial.

Liseron.— Enchaînement. Vous m'enchaînez. Heureux hazard.

Liseron tricolore ou Belle de Jour. — Coquetterie. — Infidélité.

Liseron des champs.— Humilité.

Loréade. — Douleur extrême.

Lotus.— Eloquence.

Lupin varié.— Vous rendez le calme à mon âme.

Luzerne arborescente.— Les bonnes actions survivent aux siècles.

Lychnide compagnon , ou Jacée des jardiniers.— Je ne puis vous quitter.

Lychnide de Calcédoine, vulgairement Croix de Malthe.— Fidélité à toute épreuve.

Mamelle des Indes —Sommeil léthargique.

Mancenillier. — Serpent caché sous des fleurs. Fuyez cette beauté perfide.

Mandragore. — Séduction.
Marguerite. — Patience et tristesse.
Marguerite blanche. — J'y songerai.
Marguerite des champs. — Innocence. J'y songerai.
Marguerite des jardins. — Tristesse. Adieu.
Marguerite paquerette. — Vous êtes jolie.
Marjolaine vulgaire — Séchez vos larmes. Toujours heureux.
Maronnier d'Inde. — Luxe.
Maronnier. — Sombre mélancolie.
Maronnier (fleur de). — Génie. Noblesse de sentiments.
Marulse blanc. — On méconnaît ses précieuses qualités.
Marulse noir. — L'air dur et le cœur tendre.
Matisda. — Objet désagréable. Horreur.
Matricaire. — Union.
Mauve (grande). — Amour maternel. Humanité.
Mauve en arbre, ou Ketmie des Jardins. — Beauté toujours nouvelle.
Mélèze. — Audace. — Votre audace m'étonne.
Mélisse officinale. — Souvenez-vous de moi. Mémoire.
Menthe, ou Baume des Jardins. — Vertu. Chaleur. Chaleur de sentiments.
Ményanthe. — Calme. Repos.
Mercuriel. — Ma fâcheuse humeur disparaît.
Mignardise, ou Œillet musqué. — Souvenir passager. Enfantillage.

IRIS ÉPANOUIE.

Eloquence.

Lorsque cette fleur est à demi-close, elle signifie espoir.

Mignonnette. — Gaieté.

Mille-feuilles, ou Achillée.—Guérison. Guérissez-moi.

Millepertuis. — Oubli. Oublions le passé. Originalité.

Miramis.--Plus je vous vois plus je vous aime.

Miroir de Vénus ou Campanule.—Flatterie.

Mogori.— Parure.

Molène, vulgairement Bouillon blanc. -- Bon naturel.

Momordique piquante.— Colère. Emportement.

Morelle cerisette, ou Amum dés jardiniers; dans quelques pays Pomme d'amour. — Beauté sans bonté.

Morelle douce-amère, ou Vigne-vierge. — Sincérité. Franchise. Vérité.

Morène, ou Passe-rose. — Bien-être qui remplace grande peine.

Moriante.— Charme de la pêche.

Mouron. — Rendez-vous.

Mousses. — Sensations douces. Sensations heureuses. Amour maternel.

Muflier des jardins, vulgairement Mufle de veau. — Présomption. Grossièreté.

Muguet.— Légèreté. Fatuité.

Muguet de Mai. — Retour du bonheur. Soyons heureux. Coquetterie.

Muguet anguleux, vulgairement Sceau de Salomon.— Discrétion. Secret.

Murier (Feuille de).— Prudence.

Murier (Fleur de).— Tout plaît en elle.

Murier blanc.—Prodige. Merveille. Sagesse.

Murier noir.— Je ne vous survivrai pas. Mourons ensemble.

Myosotis. — Ne m'oubliez pas. Aimez-moi comme je vous aime.

Myrte.— Amour. Tendre retour.

Myrte fleuri.— Amour trahi.

Myrte uni à des roses.— Volupté.

Narcisse des poëtes. — Egoïsme. Fatuité. Amour de soi-même. Faux amour. Vous n'aimez que vous.

Narcisse Jonquille. — Langueur d'amour.

Nénuphar, ou Nymphéa blanc.—Froideur. Anéantissement.

Nerprun. — Garantie.

Nyctage, vulgairement Belle-de-Nuit. — Je fais vœu, mais je redoute l'amour. Pourquoi fuir. Pourquoi redouter l'amour.

Nigelle de Damas, vulgairement Cheveux de Vénus. — Les tresses de vos cheveux sont autant de chaînes pour mon cœur.

Nilante.— Du soir au matin.

Nivéole printanière, vulgairement Perce-Neige. — Premier regard d'amour. Premier soupir d'amour.

Noisetier ou Coudrier. — Erreur. Préjugé.

Noyer.— Vous possédez des qualités essentielles. Religion.

Noyer (fleur de). — Projets ambitieux.

Œillet incarnat des jardins. Réciprocité. Quelquefois rivalité.

Œillet panaché des jardins. — Refus d'amour. Je vous refuse.

Œillet des jardins (bouquet d').--Amour pur. Vous inspirez les sentiments les plus purs.

Œillet blanc des jardins. — Fidélité. Jeune fille.

Œillet jaune des jardins. — Dédain.

Œillet du Christ. — Population.

Œillet rose des jardins. — Sensation. Fidélité à toute épreuve.

Œillet ponceau des jardins. — Horreur.

Œillet d'Inde ou Taget. Vous avez quoique jeune, la prévoyance de l'âge mur. Peinture. Flatterie.

Œillet mignonnette, Œillet plume. — Enfantillage.

Œillet musqué, vulgairement Mignardise. — Souvenir passager.

Œillet de la Chine. — Aversion.

Œillet des poètes, vulgairement Bouquet parfait. — Vous êtes un assemblage de perfections. Je vous chante dans le langage des dieux. Talents.

Œillet de haie. — Je chante les louanges de Dieu.

Olivier d'Europe. — Paix. Sagesse.

Olivier (fruit de l'). — Charité.

Omphis ou double-feuille. — Consolation dans l'affliction.

Onotéro.— Surprise.

Ophrise araignée. — Adresse.

Ophrise mouche. — Indiscrétion.

Oranger (fleur d'). — Pureté. Générosité. Candeur. Magnificence. Virginité.

Oranger (le fruit).— Beauté. Douceur.

Oreille d'ours.—On cherche à vous séduire. Séduction. Trahison.

Oreille de souris.— Amabilité.

Origan dictame. — Vous seule pouvez guérir mon cœur.

Orme, ou Ormeau (feuille d'). — Considération. Distinction. Respect. Vigueur.

Ornithogale à ombelle, ou Belle d'onze heures.— Votre vue cause ma joie.

Ornithogale pyramidale, vulgairement épi de lait, épi de la vierge.— Ma tendresse est pure.

Orobe printannier. —Besoin d'aimer.

Ortie. — Je suis piqué. Glaive. Malice. Cruauté. Méchant esprit. Dard brûlant.

Ortie blanche. — Sobriété.

Orvale.— Elle est sans défaut.

Osier.— Souplesse. Docilité. Franchise.

Osier fleuri, ou Epilobe à épi. — Unissons-nous.

Ougan. — Coloris.

Oxte.— Ame souffrante.

GIROFLÉE QUARANTAINE.

Dépit. — Ennui d'amour. — Maladie.

Paille brisée.— Rupture.
Paille entière. — Union.
Palme de Christ. — Innocence opprimée.
Palme.— Victoire. Martyre.
Palmier. — Victoire. Constance dans l'adversité. Dignité. Je vous distingue.
Paquerette ou Marguerite. — Eclat. Vous êtes jolie.
Parnassie. — Vous êtes dans le sentier de la gloire.
Passe-rose. — Apparence.
Passe-velours, crête de coq. — Vos soins me rendent la vie.
Pavot blanc.— Soupçon.
Pavot rose simple. —Vivacité. Etourderie.
Pavot rouge, ou Coquelicot.—Repos. Calme de l'âme. Reconnaissance.
Pavot panaché.— Surprise.
Pavot somnifère ou des jardins.— Paresse. Sommeil. Langueur.
Pêcher (fleur de).—Constance. Plus je vous vois, plus je vous aime.
Pensée, ou Violette pensée. — Je pense à vous, pensez à moi. Vous seul occupez ma pensée. Souvenir expressif. Je partage vos sentiments.
Perce-neige, ou Galantine. — Voyez *Nivéole printannière.* — Annonce. Heureux présage. Espoir. Consolation.
Persicaire. — Vigilance.

Persil (feuille de).— Discorde.
Pervenche. — Amitié de toute la vie. Doux souvenirs.
Peuplier. — Plaintes. Murmure. Jeunesse. Courage ou dévouement d'amitié.
Peuplier d'Italie. — Tendre inquiétude. Toujours je crains de vous déplaire.
Phalange.— Réparation.
Phytolacca dix étamines, vulgairement raisin d'Amérique.— Calmez-vous.
Pied d'Alouette, ou Dauphinelle d'Ajax. — Lisez dans mon cœur. Confiance. Légèreté. Plaisirs de la campagne.
Pin. — Longue durée. Sentiment durable. Lumière.
Pissenlit.— Légèreté. Etourderie. Inconséquence.
Pivoine. — La beauté plaît, et les qualités essentielles attachent. Honte.
Platane.— Génie. Bonheur. Ombrage.
Poirier.— L'éducation a développé vos bonnes qualités. Irrésolution.
Pois de senteur, ou Gesse odorante.— Délicatesse. Plaisirs délicats.
Pois à bouquet, ou Gesse à larges feuilles. — Plaisir.
Pois vivaces (fleur de).—Souplesse. Bétise.
Polémoine bleue, vulgairement Valérianne grecque — Guerre. Rupture.
Polygala.— Charme de la Solitude. Ermitage.

Pomme d'Amour , ou Morelle cerisette. — Beauté sans bonté. Séduction. Piège. Enchantement.

Pommier (fleur de). — Repentir.

Pommier (fruit du). — Choix. Préférence. A la plus belle.

Primevère. — Désir d'amour. Aimons-nous. Espérance. Premier printemps de la jeunesse. Crédulité.

Prunier. — Tenez vos promesses.

Pyramidale. — Constance de sentiment.

Quarantaine , ou Giroflée d'été. — Maladie. Promptitude. Circonstance.

Quebis (le). — Perfidie.

Quimbe. — Favorable.

Racine d'or. — Circulation.

Racines des près. — Douces jouissances.

Raisin d'Amérique , ou Phytolacca. — Calmez-vous.

Reine des prés. — Autorité.

Reine-Marguerite ou Aster , ou Chrysanthême des prés. — Splendeur. Elégance. M'aimez-vous ?

Renoncule des marais. — Cœur ulcéré. Convulsion. Mort.

Renoncule des jardins. — Lustre. Brillant. Eclat. Vous brillez de mille attraits.

Renoncule âcre , Bouton d'or. — Critique. Raillerie. Amour satisfait et constant.

Renoncule scélérate. — Méchanceté. Ingratitude. Fierté. Impatience.

Réséda odorant, vulgairement Herbe d'amour.— Vos qualités surpassent vos charmes. Bonheur d'un instant. Vivacité.

Rhubarbe.— Célérité.

Romarin. — Franchise. Bonne-foi. Votre présence a dissipé le trouble de mon âme.

Romaine.— Sensation pénible.

Ronces noires. — Injustice. Envie. Soucis. Jalousie.

Roseau canne, ou des jardins. — Plaisirs champêtres. Espérance.

Roseau plumeux.— Indiscrétion. Repentir.

Rose blanche. — Innocence. Beauté innocente. Mollesse.

Rose blanche desséchée. — Plutôt mourir que de perdre l'innocence.

Rose capucine.— Etude. Amour des beaux-arts.

Rose de Mai.— Amabilité. Fraîcheur.

Rose de Noël, ou Hellébore à fleurs roses. — Consolation.

Rose des dames et Rose des quatre saisons, ou de tous les mois.— Beauté brillante et passagère

Rose du Japon, ou Hortensia. — Beauté froide. Vous êtes belle, mais froide.

Rose épanouie, avec ses épines. — Hymen.

Rose jaune.— Honte. Infidélité.

Rose mousseuse.—Volupté. Quand tu parais je suis ivre de volupté.

BOUQUET D'ŒILLETS DES JARDINS.

Vous inspirez les sentiments les plus purs.

Rose multiflore.— Beauté.
Rose musquée. — Caprice. Beauté capricieuse.
Rose panachée. — Amour trahi.
Rose pompon.— Gentillesse.
Rose sans épine.— Amitié sincère.
Rose (*bouton de*) *sans épine.*— Cœur qui ignore l'amour. Je vous aime.
Rose (*bouton de*) *avec des épines.* — Espérance en amour mêlée de crainte.
Rose trémière , ou Alcée.—Votre beauté est noble et majestueuse. Mère de famille. Fécondité.
Un pétale de rose.— Jamais je n'importune.
Rosier à cent feuilles. — Beauté parfaite.
Rosier églantier. — Vous persuadez mon cœur. Simplicité. Perfection en tout.
Rue.— Bonté.
Safran.— N'abusez pas des plaisirs. Jalousie fondée sur un outrage.
Sainfoin d'Espagne.— Choisissez vos amis.
Salicaire à épis.— Vous me dédaignez.
Sapin. — Fortune, Elévation. Grandeur d'âme.
Sauge.— Toute bonne. Force.
Saule pleureur. — Mélancolie. Chagrin. Douleur amère.
Saule.— Vous plairez à tout âge. Docilité.
Saxifrage.— Les plus beaux jours de la vie.
Scabieuse vulgairement Fleur de veuve. —

Absence. J'ai tout perdu. Vous me délaissez. Abandon cruel. Femme sensible et malheureuse. Mystère.

Sceau de Salomon, ou *Muguet anguleux*. — Discrétion. Secret.

Scolopendre. — Timidité.

Séneué. — Fécondité.

Sensitive, ou *Acacia pudique*. — Extrême sensibilité. Pudeur extrême. Innocence. Délicatesse.

Séringa. — Passion énivrante et chimérique. Coquetterie.

Serpolet, ou *Thym*. — Emotion. En vous voyant je suis ému. Etourderie.

Sicimbrise. — Plaisir de la jalousie.

Silament. — Témérité.

Siléné attrappe-mouche. — Vous m'avez trompé.

Soleil hélianthe à grande fleur. — Mes yeux ne voient que vous.

Sorbier domestique, ou *Cormier*. — Prudence. Danger. Intrépidité.

Souci des Jardins. — Inquiétude. Soupçons. Jalousie. Peine. Tourments.

Soucis et Cyprès unis. — Désespoir.

Souci pluvial. — Précaution. Vous êtes prévoyante.

Spirée. — Vous régnez dans mon cœur.

Stramoine commune, ou *Datura*. — Déguisement. Artifice.

Sureau commun, Hiéble. — Vous me consolez de toutes mes peines. Bienfaisance.

Sycomore ou Erable des montagnes — Harmonie. Espérance et Soucis.

Tabac cultivé. Nicotiane petun, etc. — Je surmonterai tous les obstacles.

Taraspic ou Ibéride. — Indifférence.

Tamier, sceau de Notre-Dame. — Soyez mon appui.

Taget, ou Œillet d'Inde. — Vous avez, quoique jeune, la prévoyance de l'âge mûr.

Ténésia. — Résistance.

Térébenthine. — Perdre. Perdu.

Teumbrotie. — La bèlle nature.

Thlaspi. — Raideur.

Thuya. — Rien ne pourra changer mon cœur. Vieillesse.

Thym Serpolet. — Emotion. En vous voyant je suis ému. Activité. Passion dominante. Jalousie.

Tilleul. — Vos bonnes qualités vous font aimer. Souplesse. Docilité. Obligeance. Gaieté. Amour conjugal.

Tournesol. — Mes yeux ne voient que vous. Reconnaissance. Mobilité. Intrigue.

Trèfle. — M'est-il permis d'espérer le bonheur ? Tempête.

Troène. — Défense. Fatuité. Flatterie.

Tubéreuse. — Volupté. Sentiment. Délicatesse. Vous inspirez les plus tendres sentiments.

Tulipe (1).—Honnêtetés. Magnificence. Déclaration d'amour.— Amour sincère.

Tulipe jaune.— Orgueil. Ingratitude.

Tulipier. — Vous tardez à faire mon bonheur.

Tussilage odorant, *vulgairement Héliotrope d'hiver.* — Peut-être un jour vous m'apprécierez mieux.

Ulma.—Prison. Désespoir. Chagrin mortel.

Valériane rouge des jardins. — Facilité. Bienfaisance. Humanité.

Valériane grecque, *ou Polémoine bleue.*— Guerre. rupture.

Vélar des boutiques, *vulgairement Herbe du chantre.* — Ma faible voix veut célébrer vos charmes.

Verdure (*la*).— Espérance.

Verge d'or. — Rassurez mon âme affligée. Ostentation. Bel habit.

Véronique.—Je vous offre mon cœur. Sainteté. Fidélité.

Verveine, *vulgairement Herbe sacrée.* — Pureté de sentiments. Enchantement.

---

(1) Quand un jeune homme présente, en Perse, une tulipe à sa maîtresse, il donne à entendre que comme cette fleur, il a le visage en feu et le cœur en charbon.

FLEURS D'ORANGER.

Candeur. — Pûreté. — Générosité.

Vigne.— Oubli. Ivresse de la passion.
Vigne (feuille de).— Bienveillance.
Vigne vierge, ou Morelle douce-amère.— Sincérité. Franchise. Vérité.
Violette odorante. — Modestie. Timidité. Pudeur.
Violette odorante double.— Amitié réciproque.
Violette jaune.— Beauté parfaite.
Violette blanche. — Amour innocent.
Violette entourée de feuilles. — Amour caché.
Violette pensée. — Je pense à vous. Pensez à moi. Vous seul occupez ma pensée.
Violier, ou Giroflée des jardins. — Luxe.
Viorne boule-de-neige. — Refroidissement. Calomnie.
Viperine vulgaire, Serpentaire.— Vos yeux font de cruelles blessures.
Volubilis, ou Ipoméa pourpré.— Caresses.
Xochiapal.— Retour du bonheur.
Xocoxochilt.— Amour extrême.
Ycotty.— Nulle jouissance.
Yorage.— Egoïsme.
Yvette.— Heureuse médiocrité.
Zacon.— Privation.
Zérumbeth.— Artifice.
Zésiumbitum.— Artifice.
Zizanie, ou Ivraie.— Vice.

NOMENCLATURE

DES SENTIMENTS EXPRIMÉS

Dans l'allégorie des Plantes.

On n'a rappelé dans cette nomenclature, que les plantes qui expriment une pensée complète. On trouvera les autres à leur ordre alphabétique, au commencement de ce volume.

Aimez-moi comme je vous aime— *Myosotis.*
Aimons-nous.— *Primevère.*
A la plus belle.— *Pommier.*
Amitié de toute la vie.— *Pervenche.*
Amitié ou amour sans fin.— *Immortelle.*
Calmez-vous.— *Phytolacca.*
Chaque jour je découvre en vous de nouvelles qualités. — *Ephémère de Virginie.*

Choisissez-vos amis.— *Sainfoin d'Espagne.*
Connaissez-moi mieux. — *Châtaignier.*
Défendez-moi.— *Houx commun.*
Eclairez-moi.— *Joncs épars.*
Elle est sans défaut.— *Orvale.*
En vous voyant je suis ému —*Thym Serpolet.*
Fidélité à toute épreuve.— *Lychnide Calcédoine.*
Fuyez cette beauté perfide.— *Mancenillier.*
Guérissez-moi.— *Achillée mille-feuilles.*
J'ai perdu le repos. — *Euphorbe réveil-matin.*
J'ai tout perdu. — *Scabieuse , ou Fleur de veuve.*
Je chante les louanges de Dieu. —*Œillet de Haie.*
Je cherche la solitude. — *Bruyère commune.*
Je fais vœu, mais je redoute l'amour.—*Belle de nuit.*
Je fuis , je redoute l'amour. — *Nyctage. Belle de nuit.*
J'éloignerai de vous les méchants.—*Absinthe citronnelle.*
Je m'attache à vous. — *Ipoméa , jasmin rouge.*
Je me rendrai digne de vos soins. — *Camomille romaine.*
Je meurs où je m'attache.— *Lierre.*
Je ne puis vous quitter. — *Lychnide compagnon.*

Je ne vous survivrai pas.— *Murier noir.*
J'en suis fâché.— *Bouquet de Basilic.*
Je pense à vous.— *Violette pensée.*
Je redoute l'amour.— *Belle de nuit.*
Je sais apprécier vos talents. — *Genêt d'Espagne.*
Je sens tous vos bienfaits.— *Lin.*
Je serai docile.— *Jonc des champs.*
Je suis piqué.— *Ortie.*
Je suis votre meilleur ami. — *Cinoglosse printannière.*
Je surmonterai tous les obstacles. — *Tabac cultivé.*
Je vous adore.— *Giroselle.*
Je vous aime. — *Jasmin jonquille. Bouton de rose.*
Je vous aime plus que moi-même. — *Héliotrope.*
Je vous chante dans le langage des Dieux.— *Œillet des poètes, ou Bouquet parfait.*
Je vous déclare la guerre.— *Belvedère.*
Je vous distingue.— *Palmier.*
Je vous offre mon cœur.— *Véronique.*
Je vous réfuse.— *Œillet panaché.*
Je vous vois avec plaisir. — *Julienne maritime.*
J'oblige les amants séparés par l'absence.— *Flambe.*
J'y songerai.— *Marguerite blanche.*
La beauté plaît, et les qualités essentielles attachent.— *Pivoine.*

L'amour vous prépare cent plaisirs et mille peines. — *Anones d'Espagne.*

L'éducation a développé vos bonnes qualités. — *Poirier.*

Les bonnes actions survivent aux siècles. — *Luzerne arborescente.*

Les tresses de vos cheveux sont autant de chaînes pour mon cœur. — *Nigelle de Damas.*

Lisez dans mon cœur.--*Dauphinelle d'Ajax.*

Ma fâcheuse humeur disparaît. — *Mercuriel.*

Ma faible voix veut célébrer vos charmes. — *Vélar des boutiques.*

M'aimez-vous ? — *Chrysanthème des prés. Aster ou Reine-Marguerite.*

Ma tendresse est pure. — *Ornithogale pyramidale.*

Mes regrets vous suivent au tombeau. — *Asphodèle.*

M'est-il permis d'espérer le bonheur ? — *Trèfle.*

Mes yeux ne voient que vous. — *Hélianthe à grandes fleurs ou Tournesol.*

Mourons ensemble. — *Murier noir.*

N'abusez pas des plaisirs. — *Safran.*

Ne m'oubliez pas. — *Myosotis. Fleur de Cérisier.*

On cherche à vous séduire. — *Oreille d'ours.*

On cherche à vous surprendre. — *Circée, ou Herbes aux magiciennes.*

On méconnaît ses précieuses qualités.— *Marulse blanc.*

On ne connaît pas son mérite. — *Calamus.*

Oublions le passé.— *Millepertuis.*

Pensez à moi. — *Violette pensée.*

Peut-être un jour vous m'apprécierez mieux. *Tussilage odorant.*

Plus je vous vois, plus je vous aime.— *Pêcher. Germandrée. Miramis.*

Plutôt mourir que de perdre l'innocence.— *Rose blanche desséchée.*

Pourquoi fuir? Pourquoi redouter l'amour? — *Nyctage. Belle de nuit.*

Protégez-moi.— *Houx commun.*

Quand tu parais, je suis ivre de volupté.— *Rose mousseuse.*

Rassurez mon âme affligée. — *Verge d'or.*

Rendez-moi justice.— *Châtaignier.*

Répondez-moi.— *Lavande aspic.*

Rien au-dessus d'elle.— *Ambroisie.*

Rien ne pourra changer mon cœur.—*Thuya.*

Sauvez-moi.— *Angélique.*

Séchez vos larmes. — *Marjolaine vulgaire.*

Souvenez-vous de moi.—*Mélisse officinale.*

Soyez mon appui.— *Tamier.*

Soyons d'accord.— *Alisier.*

Soyons heureux.— *Muguet de Mai.*

Tenez vos promesses.— *Prunier.*

Toujours je crains de vous déplaire.— *Peuplier d'Italie.*

Tout amour. — *Myrte.*
Tout est soumis à votre empire. — *Frêne.*
Tout plaît en elle. — *Fleur de murier.*
Unissons-nous. — *Epilobe à épi.*
Vos attraits me charment. — *Liciet cultivé.*
Vos bonnes qualités vous font aimer. — *Tilleul.*
Vos qualités surpassent vos charmes. — *Réséda odorant.*
Vos soins me rendent la vie. — *Passe-velours.*
Vos yeux font de cruelles blessures. — *Vipérine vulgaire.*
Votre audace m'étonne. — *Mélèze.*
Votre beauté est noble et majestueuse. — *Rose tremière.*
Votre image est tracée dans mon cœur. — *Fusain.*
Votre présence a dissipé le trouble de mon âme. — *Romarin.*
Votre présence adoucit mes peines. — *Jujubier commun.*
Votre vue cause ma joie. — *Ornithogale.*
Vous avez, quoique jeune, la prévoyance de l'âge mur. — *Taget.*
Vous brillez de mille attraits. — *Renoncule des jardins.*
Vous embrâsez mon cœur. — *Dictame blanc.*
Vous êtes belle, mais froide. — *Hortensia.*
Vous êtes bienfaisante sans ostentation. — *Joubarbe des toits.*

Vous êtes aimable.— *Jasmin blanc.*

Vous êtes dans le sentier de la gloire.— *Parnassie.*

Vous êtes digne de l'immortalité.— *Cèdre.*

Vous êtes jolie. — *Marguerite paquerette.*

Vous êtes ma divinité.— *Giroselle.*

Vous êtes prévoyante.— *Souci pluvial.*

Vous être rempli de grâces. — *Butome à ombelle.*

Vous êtes sans prétention. — *Coquelourde.*

Vous êtes un assemblage de perfection.— *Œillet de poète, ou Bouquet parfait.*

Vous faites mes délices.—*Fleur de Fraisier.*

Vous faites mon tourment.— *Ixia.*

Vous inspirez la confiance. — *Centaurée musqnée.*

Vous inspirez l'amour. — *Cupidone bleue.*

Vous inspirez les plus tendres sentiments.— *Tubéreuse.*

Vous inspirez les sentiments les plus purs.— *Bouquet d'Œillets des jardins.*

Vous m'abandonnez. – *Scabieuse.*

Vous m'abreuvez d'amertume. — *Absinthe vulgaire.*

Vous m'aimez et vous me donnez la mort.— *Hyacinthe.*

Vous m'avez trompé. — *Siléné attrape-mouche.*

Vous m'éclairez.—*Barbeau ou Bluet des blés.*

Vous me consolez de toutes mes peines. — *Sureau commun.*

Vous me délaissez.— *Scabieuse.*

Vous me dédaignez.— *Salicaire à épis.*

Vous me donnez la mort.— *Aconit.*

Vous me fuyez.— *Epine vinette.*

Vous me glacez.— *Ficoïde*

Vous m'enchaînez.— *Liseron.*

Vous m'enchantez.— *Circé.*

Vous m'enflammez.— *Dictame blanc.*

Vous me plaisez.— *Groseillier.*

Vous me rendez le courage.— *Basilic.*

Vous m'inspirez.— *Bourrache.*

Vous n'aimez que vous. — *Narcisse des poètes.*

Vous n'êtes que belle.— *Digitale pourprée.*

Vous perdez le temps.— *Dent de loup.*

Vous persuadez mon cœur.—*Rosier églantier.*

Vous plairez à tout âge.— *Saule.*

Vous possédez des qualités essentielles. — *Noyer.*

Vous refusez mes soins. — *Gentiane jaune.*

Vous régnez dans mon cœur.— *Spirée.*

Vous rendez le calme à mon âme. -*Lupin varié.*

Vous réunissez tout.— *Ananas.*

Vous seul occupez ma pensée. — *Violette pensée.*

Vous seul pouvez guérir mon cœur.—*Origan dictame.*

Vous tardez à faire mon bonheur.—*Tulipier.*

Vous vous faites attendre.— *Crysocome Linosiris.*

EMBLÊMES

TIRÉS DES HOMMES CÉLEBRES.

Abel. — Innocence.
Agamemnon. — Fierté.
Alexandre.— Magnanimité. Intrépidité.
Aristarque.— Un bon critique.
Artémise. — Fidélité dans le veuvage.
Benjamin.— Enfant préféré.
Bias.— Science préférable à la richesse.
Caïn.— Envie ou haine entre frères.
Caton.— Sévérité.
César.— Courage. Grandeur d'âme.
Cicéron.— Eloquence.
Crésus.— Richesse.
Curtius.— Dévouement pour la patrie.
Daniel. — Pénétration dans les choses obscures et la divination.
David. — Douceur.
Démosthènes.— Eloquence impétueuse.

Diogène.— Cynisme.
Elie.— Abstinence. Zèle.
Erostrate.— Immortalité par le crime.
Esther.— Modestie. Pudeur.
Eve — Curiosité.
Hercule.—Force.
Jézabel.—Impudence. Cruauté.
Job.— Patience.
Joseph.— Chasteté.
Mathusalem.— Longévité.
Mécène.—Protection accordée aux savants.
Melchisedech.—Sacerdoce et Royauté.
Messaline.— Débauche excessive.
Moïse.— Loi.
Néron.— Cruauté.
Nestor.— Longévité et abondance dans le discours.
Oreste et Pilate.— Amitié.
Orphée.— Musique.
Pandore.— Curiosité.
Pénélope.— Fidélité conjugale.
Phalaris.— Cruauté.
Pharaon.— Ambition. Impiété.
Salomon.— Sagesse.
Samson. — Force.
Sardanapale.— Débauche.
Socrate. — Sagesse et patience.
Vitellius— Gloutonnerie.
Zoïle.— Critique outré, injuste et ignorant.

SYMBOLE DES ANIMAUX.

Abeille. — Industrie. Travail.
Agneau. — Humilité. Innocence.
Aigle. — Reconnaissance. Vélocité.
Alcyon. — Bienveillance.
Ane. — Sobriété. Ignorance.
Bœuf. — Agriculture. Patience. Paix.
Caméléon. — Flatterie. Changement.
Chat. — Liberté. Trahison.
Cerf. — Prudence.
Cheval. — Autorité. Victoire.
Chien. — Fidélité.
Crapaud. — Injustice.
Cigogne. — Piété filiale. Reconnaissance.
Cochon. — Fécondité.
Chouette. — Superstition.
Colombe. — Simplicité. Innocence. Tendresse.
Coq. — Vigilance. Activité.
Corneille. — Foi conjugale.
Dindon. — Colère.
Ecrevisse. — Prudence.

PENSÉES.

Je partage vos sentiments : je pense à vous, pensez à moi. — Souvenir.

Ecureuil.— Adresse. Légèreté.
Eléphant.— Eternité. Reconnaissance.
Fourmi.— Prévoyance.
Grenouille — Vanité. Curiosité.
Grue.— Vigilance.
Hibou.— Sagesse.
Hirondelle.— Inconstance.
Licorne.— Virginité.
Lièvre.— Peur. Timidité.
Lion.— Reconnaissance. Force. Valeur.
Mulet. — Obstination.
Paon. — Orgueil.
Papillon. — Etourderie. Légèreté. Inconstance.
Pélican. — Bonté. Amour paternel.
Perroquet.— Indiscrétion.
Phénix.— Eternité.
Pie.— Bavardage. Vol.
Rat.— Médisance.
Renard.— Ruse. Subtilité. Finesse.
Sanglier. — Chasse.
Serpent.— Prudence. Santé.
Serpent qui se mord la queue. — Eternité. Persévérance.
Taupe.— Aveuglement de l'esprit.
Tigre.— Colère. Fureur. Cruauté.
Tortue.— Pudeur.
Tourterelle — Concorde.

EMBLÊMES DES COULEURS.

Amaranthe. — Indifférence. Immortalité. Constance.

Blanc.—Bonne foi. Pureté. Joie. Innocence. Candeur. Liberté. Modestie.

Blanc mêlé de rose.— Louange.

Bleu. — Amour. Félicité. Pureté de sentiments. Elévation d'âme. Sagesse. Piété.

Le brun foncé.—Douleur profonde.

La feuille morte. — Vieillesse. Destruction.

Brun.— Humilité.

Le gris. — Douleur temperée. Mélancolie.

Gris-de-lin.— Amour constant.

Gris-de-fer.— Courage.

Jaune.— Richesse. Noblesse. Gloire. Splendeur.

Jaune pâle.— Infidélité.

Lilas.— Amitié. Amour pur.

Noir.—Deuil. Tristesse Ténèbres. Mort.

Or (couleur d').—Magnificence. Puissance.

L'orangé. — Amour de la gloire. Passion.

Pourpre.—Autrefois c'était la couleur affectée aux empereurs romains ; elle est devenue la marque d'honneur de la haute magistrature : elle signifie puissance suprême.

Rose.—Tendresse. Amour changeant. Jeunesse.

Rouge.—Cruauté. Colère. Feu. Zèle. Pudeur. Amour. Ardeur.

Vert.— Espérance. Affection. Jeunesse. — Autrefois les banqueroutiers frauduleux étaient obligés de porter un bonnet vert. Le bonnet a passé de mode, mais non la chose.

Violet. — Constance. Pénitence.

Un ruban nuancé de plusieurs couleurs, signifie : Eloquence. Persuasion. Raccommodement.

Un ruban tramé de deux nuances, faisant couleur changeante , signifie : Légèreté. Inconséquence.

Couleurs des Mois de l'année.

Janvier. — Blanc.
Février. — Couleur arbitraire.
Mars. — Rouge-noirâtre.

Avril.	— Vert.
Mai.	— Vert.
Juin.	— Vert jaunâtre.
Juillet.	— Jaune.
Août.	— Couleur de feu.
Septembre	— Pourpre.
Octobre.	— Incarnat.
Novembre.	— Feuille-morte.
Décembre.	— Noir.

—

Couleurs des Saisons.

Le Printemps.	— Vert tendre.
L'Eté.	— Jaune.
L'Automne.	— Rouge.
L'Hiver.	— Blanc.

PERVENCHE.

Amitié de toute la vie.

EMBLÊMES

TIRÉS DE DIFFÉRENTS OBJETS.

Agneau immolé sur l'autel. — Sacrifice de Jésus-Christ.
Ampoule (sainte). — Sacre des rois.
Ancre. — Espérance. Commerce.
Balance et épée. — Justice tant civile que criminelle.
Bride — Modération.
Cachet et clef. — Fidélité. Secret.
Calice et hostie dessus. — Eucharistic.
Cendres. — Mort.
Cercle. — Perfectiou.
Chaînes environnant un globe. — Esclavage.
Chandelier à sept branches. — Les Sacrements.
Cierge pascal. — Lumière de l'Evangile.
Cierge allumé. — Bon exemple.
Clefs croisées. — Autorité de l'Eglise. Armoirie du Pape.

5 *

Cœur enflammé.— Charité.
Colombe descendant du ciel avec des flammes.— Saint-Esprit.
Colonne taillée dans le roc. — Constance.
Corne d'Amalthée d'où il sort des fruits.— Abondance.
Cornes de bœuf. — Travail.
Couronne d'épines. — Pénitence.
Couronne d'étoiles. — Immortalité. Gloire des justes.
Echelle de Jacob.— Contemplation.
Encensoir fumant.— Prière.
Feu et Eau. — Pureté.
Girouette. — Sottise. Instabilité. Frivolité.
Globe surmonté d'une croix. — Le monde soumis à Jésus-Christ.
Lampe. — Etude.
Lanterne sourde. — Fausse religion.
Mains (deux) qui se tiennent. — Fidélité. Bonne foi.
Marotte et Grelots.— Folie.
Marteaux et clous. — Nécessité.
Masque.— Hypocrisie. Fourberie.
Miroir. — Vérité. Prudence.
Or.— Pureté.
Oreilles d'âne sur une tête humaine, bandeau sur les yeux, poignard à la main. — Fanatisme.
Palme — Récompense des justes.
Plomb.— Esprit pesant.

Robe blanche. — Baptême de l'innocence.
Roue. — Changement. Instabilité.
Sceptre et Main de justice. — Autorité des rois.
Soleil et livre ouvert. — Vérité de la religion.
Triangle lumineux. — La Trinité.
Trompettes. — Prédication de l'Evangile.
Vif-argent. — Turbulence. Agitation continuelle chez les enfants.
Voile. — La foi.

SYMBOLES ET ENSEIGNES

Caractérisant les peuples anciens.

Alains et Suèves.— Un chat.
Athéniens.— Une chouette.
Anciens Bourguignons.— Un chat.
Carthaginois.— Une tête de cheval.
Chinois — Des queues de cheval ou un dragon.
Celtes.— Une épée.
Corinthiens.— Un cheval aîlé ou Pégase.
Druides (chefs des). — Des cerfs.
Gaulois.— Un coq.
Goths.— Un ours.
Lacédémoniens.— La lettre grecque A.
Messéniens.— La lettre grecque M.
Péloponésiens.— La feuille de Platane, dont leur pays avait la forme.
Perses. — Un aigle d'or sur un drapeau blanc.

ROSES A CENT FEUILLES.

Beauté parfaite.

Romains.— Dans le principe, une botte de foin, puis une louve, le minotaure, un cheval, un sanglier, enfin l'aigle. Rome moderne a pour armoiries les clefs de St.-Pierre.

Saxons.— Un coursier bondissant.

Thraces. — Une tête de mort.

Vénitiens.— Un lion.

ANIMAUX, ARBRES ET PLANTES,

Consacrés aux Dieux du Paganisme.

ANIMAUX.

Agneau.— Junon.
Aigle — Jupiter.
Alcyon. — Thétis.
Anchois.— Vénus.
Ane.— Priape.
Barbeau.— Diane.
Biche.— Diane.
Brebis.— Furies.
Cerf.— Hercule.
Cheval.— Mars.
Chien.— Dieux Lares ou Pénates.
Chouette.— Minerve.
Cochon.— Cérès.
Colombe.— Vénus.
Coq.— Esculape.

Corbeau. — Apollon. Hercule.
Dragon, animal fabuleux. — Bacchus.
Genisse. — Isis.
Griffon, animal fabuleux. — Bacchus.
Hydre, animal fabuleux. — Hercule.
Lion. — Vulcain.
Loup. — Mars.
Oie. — Isis
Paon. — Junon.
Pivert. — Mars.
Pie. — Bacchus.
Phénix, animal fabuleux. — Phébus. Soleil.
Serpent. — Esculape.
Thon. — Neptune.
Truie. — Hécate.

ARBRES ET PLANTES.

Ail. — Lares ou Pénates.
Capillaire. — Pluton
Chêne. — Jupiter. Rhée. Sylvain.
Chiendent. — Mars.
Cyprès. — Pluton. Sylvain.
Dictame — Lucine.
Feuilles de figuier. — Bacchus.
Frêne. — Mars.

Genièvre. — Euménides.
Hêtre. — Jupiter.
Hyacinthe. — Apollon.
If. — Cérès.
Laurier. — Apollon. Mars.
Lierre. — Bacchus. Hébé.
Lys. — Junon.
Myrte. — Vénus.
Narcisse. — Pluton Proserpine. Euménides.
Nerprun. — Furies ou Euménides.
Olivier. — Minerve.
Palmier. — Muses.
Pampre. — Bacchus.
Pavot. — Cérès.
Peuplier. — Hercule.
Pin. — Cybèle. Rhée. Pan. Faune.
Platane. — Génies.
Pourpier. — Mercure.
Roseau. — Pan.
Rosier. — Vénus.
Safran. — Cérès.
Vigne. — Bacchus

MOIS DES ROMAINS,

Consacrés aux Dieux du Paganisme.

Minerve.— Présidait au mois de Mars.
Apollon.— Mai.
Mercure. — Juin.
Jupiter. — Juillet.
Cérès.— Août.
Vénus.— Avril.
Vulcain. — Septembre.
Mars.— Octobre.
Diane.— Novembre.
Vesta —Décembre.
Junon. — Janvier.
Neptune.— Février.

MANIÈRE

DE GROUPER LES FLEURS,

Pour en faire ressortir les beautés.

La nature si variée dans ses ouvrages offre un nombre infini d'objets à notre admiration ; mais, de toutes ses productions, les fleurs sont celles qui nous charment le plus agréablement. Maintenant nous ne les regardons plus comme entièrement inanimées, l'une fuit la main indiscrète qui veut la toucher, l'autre aussi pudique, célèbre son hymen au fond des eaux ; d'autres enfin recherchent l'éclat du jour, et semblent sommeiller lorsqu'il les abandonne. Nous avons un plaisir infini à les voir ; mais elles offrent à l'artiste qui les étudie, mille charmes de plus ; et si des lois sont dictées par l'art à celui qui les peint, pourquoi ne pas recourir aux mêmes règles pour les disposer avec grâce dans une corbeille qui doit être offerte, ou dans un vase destiné à l'ornement d'un salon que les fleurs soient artificielles, ou qu'on ait eu le plaisir de les cueillir !

Si l'on veut grouper des fleurs, c'est au centre que l'on doit placer les plus belles et les plus grandes, puis les moyennes, ainsi de suite jusqu'aux plus petites qui doivent être aux extrémités : cependant, pour lier agréablement le tout ensemble, il faut avoir soin de glisser de petites fleurs entre les grandes et les moyennes, et de bien opposer les couleurs, telles que le pourpre, le violet, le lilas et le bleu clair, près du jaune, si c'est la couleur des principales fleurs.

Le jaune tendre, le couleur de chair, le bleu et le blanc, près du rouge.

Avec le violet : le rose, l'orangé, le jaune tendre et le blanc feront un bon effet.

Avec le bleu, il faut choisir le pourpre, l'orangé, le jaune tendre et le blanc.

Il faut éviter de placer près l'une de l'autre deux couleurs principales, comme le jaune foncé, le carmin et le bleu.

On remarquera que le vert foncé fait bien près des couleurs claires, et le vert clair près des couleurs sombres.

Dans un jour anniversaire ou l'on se plaît à payer un tribut d'amour à la nature, à l'amitié, si l'on veut orner de guirlandes de fleurs un appartement, on s'attachera à donner aux festons une forme gracieuse. Ils doivent être renflés dans le milieu, et aller en diminuant jusqu'aux extrémités : on placera, comme pour les bouquets, les fleurs les plus belles par leur grandeur et leur couleur, au centre ; ensuite, celles de moindre dimension, comme je l'ai déjà indiqué. On mettra à côté l'une de l'autre les couleurs qui, malgré leur opposition, soient amies, en se servant de fleurs pour nuancer la guirlande, comme si c'étaient des couleurs disposées sur une palette ; de cette manière, les fleurs moins belles serviront à faire valoir la beauté des autres. Les fleurs simples se placent de préférence aux extrémités ; et le bon goût qui indiquera que les fleurs panachées doivent être placées à côté de celles de couleurs unies, suppléera à tout ce qui manque à cet article que la brièveté de l'ouvrage ne me permet pas d'étendre davantage.

BOUQUETS ALLÉGORIQUES. (1)

BOUQUET A LA RECONNAISSANCE.

Ce bouquet pourrait être composé ainsi : une branche de figuier, unie à la verveine pour marquer la reconnaissance et la pureté des sentiments ; une tige de fleur de lin annoncerait que le cœur sent tout ce qu'il doit; du buis, la solidité et la durée de l'attachement ; le géranium peindrait l'estime parfaite ; de la camomille romaine, pour désigner que l'on désire se rendre digne des services que l'on a reçus ; une branche de vigne-vierge ou douce-amère, pour la sincérité de l'âme ; les petites fleurs de la myosotis exprimeraient la crainte d'être oublié ; des fleurs

(1) Voyez les exemples présentés dans l'avis de l'éditeur, pages 7 et 8.

de tamier ou sceau de Notre-Dame réclameraient de nouveau la protection ; des feuilles d'ormeau témoigneraient la considération et le respect ; et enfin, des immortelles et des pensées, dont on connaît la signification : mais, pour embellir ce bouquet, on pourrait y ajouter des œillets et des roses.

BOUQUET D'AMOUR FILIAL.

C'est aujourd'hui la veille d'un heureux jour pour nous, mon frère ; tu vois que je veux parler de la fête de maman. Quel plaisir nous allons goûter en lui donnant notre bouquet ! tu sais avec quelle satisfaction elle le recevra. Descendons au jardin, et choisissons les fleurs les plus belles et les plus fraîches : commençons par cueillir ce joli muguet ; c'est bien le retour du bonheur pour nous. Oh oui, ma sœur, tiens, coupe cette belle branche de géranium qui répand une si douce odeur ! maman m'a dit souvent que cette plante exprimait les plus beaux sentiments. Cette giroflée qui marque la simplicité de nos cœurs ! cette jolie tige d'héliotrope ! Oh ! nous aimons bien maman plus que nous-mêmes ; ces immortelles lui diront que nous la chérirons toute la vie, ces beaux œillets (1) lui exprimeront notre amour ; et ces deux boutons de rose, c'est nous, mon frère ; ôtons-en soigneusement les épines pour ne pas déchirer ses jolies mains : viens dans la prairie, mon bon Jules, nous y prendrons quelques joncs (2); tu sais bien ce que cela veut dire? Aussitôt dit aussitôt fait ; ils attachent donc leur bouquet avec des joncs, le posent sur un lit de mousses (3), après l'avoir enveloppé de feuilles vertes (4) : Ah ! ma sœur, nous avons oublié la fleur favorite de maman, la pensée : aussi tu me presse tant ! Vîte ils détachent le bouquet, et y joignent les plus belles pensées ; ensuite ils enlacent leurs petits bras, et s'en vont tout fiers porter leur offrande. Heureuse mère ! quels délicieux sentiments tu vas éprouver !!!

---

(1) Amour pur.
(2) Docilité.
(3) Sensations douces, sensations heureuses.
(4) Espérance.

BOUQUET D'AMOUR.

Va, bouquet chéri, porte à celle que j'aime l'image de mes sentiments, dis-lui, tout ce qu'un cœur bien épris peut sentir de plus tendre ! Puissai-je t'animer de mes feux ! Puisse ta muette éloquence lui peindre mon ardeur !!! Beaux œillets (1), brillez-y de toutes parts ; tendre héliotrope (2), fais-lui connaître l'excès de mon amour ! le tournesol (3), lui apprendra que je ne vois et ne désire qu'elle ; la branche de fusain (4), que son image est pour jamais tracée dans mon cœur : le myrte (5), les immortelles (6), le lierre amoureux (7), s'uniront pour lui prouver la flamme la plus constante et la plus pure. Aimable langage ! Ah ! permets-moi d'emprunter tes expressions touchantes ! elles seules conviennent à mon amour.

---

(1) Amour pur. (2) Je vous aime plus que moi-même. (3) Mes yeux ne voient que vous. (4) Votre image est tracée dans mon cœur. (5) Amour. (6) Amour sans fin. (7) Je meurs ou je m'attache.

JEU DES FLEURS.

1. Ce Jeu se compose de 52 cartes sur chacune desquelles se trouve dessinée ou simplement nommée une fleur.

2. Il faut qu'il y ait trois fleurs ou leurs noms, pour chacune des lettres A. D. E. I. L. O. U.; deux pour chacune des lettres B. C. F. G. M. N P. Q. R. S. T. V., et une pour les autres. C'est-à-dire, une, deux ou trois cartes sur lesquelles on aura dessiné ou écrit le nom d'une fleur dont la lettre initiale sera un A, un B, un C, etc.

3. Au moyen de ces cartes, qui sont alternativement remises aux joueurs, on doit former un bouquet exprimant une pensée, et on présente ce bouquet à l'un des joueurs ou des joueuses, à son choix. Par exemple, un joueur voulant dire à une dame : *Je t'aime*, assemblera les cartes représentant ou indiquant les fleurs suivantes :

J *Jacinthe.*
E *Euphrasia.*
T' *Tulipe.*
A *Anémone.*
I *Immortelle.*
M *Marguerite.*
E *Eupatoire.*

4. La même pensée ne pourra être reproduite deux fois dans le cours du jeu, et celui qui, le premier ne satisfera point à l'article précédent, donnera autant de gages qu'il y aura de joueurs.

5. Le tour se continuera de façon qu'à partir de cette première remise de gages, tous les joueurs aient présenté un bouquet, ou qu'ils aient donné un gage, suivant qu'ils auront ou n'auront pu former le bouquet exigé d'eux.

6. Les gages seront ensuite rendus à ceux qui les auront donnés, comme cela se pratique dans tous les jeux de société.

7. Après les gages rendus, on pourra recommencer, et, dans ce cas, les pensées qui auront été formées au tour précédent, pourront être reproduites.

8. Pour donner plus d'intérêt à ce jeu, on pourra convenir que les pensées devront être ou obligeantes, ou désagréables ou critiques.

9. S'il y avait plus de quatre joueurs, il faudrait augmenter proportionnellement le nombre des cartes, chacun d'eux ne devant pas en avoir moins de douze, ni plus de quinze, pour former son bouquet

FIN.

TABLE.

FIN DE LA TABLE.

Lille. — Typ. de Blocquel-Castiaux.

www.ingramcontent.com/pod-product-compliance
Ingram Content Group UK Ltd.
Pitfield, Milton Keynes, MK11 3LW, UK
UKHW021112260726
13994UKWH00002B/848

9 782329 449784